내 몸의 병을 내가 고치는
우리 집 건강 주치의, 〈내 몸을 살린다〉 시리즈 북!

현대인들에게 건강관리는 자칫 소홀히 여겨질 수 있는 부분이기도 합니다. 소 잃고 외양간 고친다는 말처럼, 큰 질병에 걸리고 나서야 건강의 소중함을 깨닫는 경우가 적지 않기 때문입니다. 이에 〈내 몸을 살린다〉 시리즈는 일상 속의 작은 습관들과 평상시의 노력만으로도 건강한 상태를 유지할 수 있는 새로운 건강 지표를 제시합니다.

〈내 몸을 살린다〉는 오랜 시간 검증된 다양한 치료법, 과학적·의학적 수치를 통해 현대인들 누구나 쉽게 일상 속에 적용할 수 있도록 구성되었습니다. 가정의학부터 영양학, 대체의학까지 다양한 분야의 전문가들이 기획 집필한 이 시리즈는 몸과 마음의 건강 모두를 열망하는 현대인들의 요구에 걸맞게 가장 핵심적이고 실행 가능한 내용만을 선별해 모았습니다. 흔히 건강관리도 하나의 노력이라고 합니다. 건강한 것을 가까이 할수록 몸도 마음도 건강해집니다. 책장에 꽂아둔 〈내 몸을 살린다〉 시리즈가 여러분에게 풍부한 건강 지식 정보를 제공하여 건강한 삶을 영위하는 든든한 가정 주치의가 될 것입니다.

프로폴리스, 내 몸을 살린다

이명주 지음

모아북스
MOABOOKS

저자 소개

이명주

전북대 분자생물학과 졸업. 현재 수학전문학원을 운영하고 있으며, 현대의학과 국민건강
에 관심을 갖고 다양한 집필활동을 하고 있으며, 현대인의 정보가치가 높은 건강 관련 정
보를 연구하며 건강 강좌를 열고 있다.

프로폴리스, 내 몸을 살린다

1판 1쇄 발행 |2012년 02월 02일
1판 2쇄 발행 |2013년 05월 25일

자은이 |이명주
발행인 |이용길

발행처 | **모아북스**ₘₒₐ ᵇᵒᵒᵏˢ
관리 |정 윤
디자인 |이룸

출판등록번호 |제 10-1857호
등록일자 |1999. 11. 15
등록된 곳 |경기도 고양시 일산동구 호수로(백석동) 358-25 동문타워 2차 519호

대표 전화 | 0505-627-9784
팩스 |031-902-5236
홈페이지 |http://www.moabooks.com
이메일 |moabooks@hanmail.net
ISBN |978-89-90539-04-5   03570

현대의학과 함께 진화하는 질병

우리 몸은 매일 전쟁 중입니다. 우리 주위에는 항상 여러 종의 바이러스와 세균이 존재하고 이런 바이러스와 세균이 체내에 침입해 번식이 용이할 경우 갖가지 질병을 일으킵니다. 체내에 침투한 바이러스가 세포에 달라붙어 영양을 빼앗아가며 번식을 하고 감기나 독감, 홍역 등을 일으키는 것입니다.

그러나 바이러스가 침투했다고 무조건 병으로 발전하는 것은 아닙니다. 독일의 구스타프 드브스 교수는 인체는 우리가 걸리는 질병 중 60 ~ 70%를 스스로 치유한다고 밝힌 바 있습니다. 그가 말하는 자가치유능력은 다음 세 가지입니다.

첫째, 우리 몸을 외부의 항원으로부터 보호하는 면역기능

둘째, 잘못된 유전자나 세포를 수리하거나 재생시키는

　　　수리 · 재생 · 복구 기능

셋째, 체내에 쌓인 노폐물 같은 독소를 체외로 방출하는

　　　해독 · 효소 기능

즉, 위 세 가지 기능이 제대로 작동하지 못할 때 바이러스에 감염이 되고 질병이 발생하는 것입니다.

하지만 무분별한 개발로 인한 오염된 환경과 각종 유해물질이 첨가된 음식물에 노출될 수밖에 없는 현대인의 자가치유능력은 점점 약해지고 있습니다. 게다가 치료를 목적으로 개발된 항생제는 각종 부작용을 드러내며 자가치유능력을 저해하는 요인으로 지목되고 있습니다.

최초의 항생제 페니실린의 발견 이후 무수한 화학약품과 항생물질이 개발되면서 인류는 질병의 굴레에서 완전히 벗어나는 듯했습니다. 하지만 의학의 발달과 함께 더 강력한 질병들이 출몰하면서 현대인의 질병과의 전쟁은

여전히 계속되고 있습니다. 오히려 항생제의 종류가 다양해지고 쓰임이 많아질수록 항생물질에 대한 내성이 커지면서 점점 더 독한 약이 개발되고, 다시 그에 내성을 갖는 슈퍼박테리아가 출연하는 등 예전보다 심한 질병의 악순환을 반복하고 있습니다. 항생제의 부적절한 처방과 과용이 내성균들의 출현과 번식을 가속시켰으며 면역력 저하라는 부작용을 일으킨 것입니다.

미국에서는 매년 수천만 달러의 돈이 약물 부작용으로 인한 환자들의 치료비용으로 쓰이고, 그중 25%가 항생제에 의한 것이라고 합니다. 결국 면역력이 약해진 현대인은 아토피성 피부염, 천식, 알레르기, 암, 위장병 등을 비롯해 예전엔 볼 수 없었던 신종플루나 조류독감, HIV(에이즈 : 후천성 면역 결핍) 등 희귀병에 시달리고 있는 것이 지금의 실정입니다. 이에 학계와 의학계는 화학약품이 아닌 천연소재 치료 물질의 연구에 박차를 가하고 있습니다.

진화하는 질병에 맞서는 천연소재 항생제

특히 합성 의약품의 출현 이후 한동안 잊혀 오다 1970년대 이후 약물의 오남용 및 항생제의 내성 문제가 부각되면서 다시 주목을 받기 시작한 물질이 '프로폴리스' 입니다. 예로부터 각종 질환을 예방, 치료하는 민간치료제로 쓰였던 프로폴리스는 항균·항산화·면역증강 기능이 뛰어난 기적의 물질로 평가받습니다. 또한 수많은 꽃과 나무의 향균물질이 함유된 천연 항생물질로 '서양의 홍삼', '내성이 없는 천연항생제', '꿀벌이 가져다준 기적의 신약'으로 불립니다.

이미 기원전 약 300여 년 전 이집트에서는 상처 및 염증 치료에 프로폴리스를 사용하였으며 동유럽에서는 민간의 소염제로 사용했습니다. 우리나라의 경우에도 동의보감에서 봉교(蜂膠)로 소개되어 있고, 민간요법으로 피곤하거나 감기의 경우 입안이나 입 주변에 꿀을 발랐으며, 해소·천식·기침 감기에 꿀을 먹는다고 전해오고 있습니다.

최근엔 활성산소 제거 작용, 진정 작용, 항균·항염증 작용, 진통·마취 작용, 혈관강화 작용 등 공통적인 생리활성 기능과 안전성, 표준화에 대한 문제가 다각도로 검증 및 논의 되고 있는 상황이며 건강증진·염증·심장병·당뇨병·암 등 각종 질병 예방을 위해 의약품·건강보조식품·화장품 생활용품 등으로 그 사용 범위가 점점 넓어지고 있습니다.

이 책에서는 이런 프로폴리스가 우리의 건강에 어떠한 영향을 미치는지 구체적으로 알아보고 올바른 프로폴리스 이용법을 소개합니다.

- 면역력이 약하신 분
- 천연항생제에 관심이 많으신 분
- 거담, 염증, 습진 등으로 고생하시는 분
- 프로폴리스의 섭취법과 선택법이 궁금하신 분
- 각종 질병의 대처법이 궁금하신 분

이 모든 분께 이 책을 권합니다.

차례

5장 | 프로폴리스, 무엇이든 물어보세요_75

1장 > 천연의 선물, 프로폴리스

1) 왜 프로폴리스인가?

문명의 발달과 함께 찾아온 질병의 시대

인간의 수명이 현재와 같이 늘어난 것은 얼마 되지 않습니다. 불과 19세기 이전에는 평균수명이 50세에도 미치지 못했습니다. 그러나 현대에 와선 평균수명이 80세에 육박하고 점점 더 빠른 속도로 늘어나고 있습니다. 현대의학의 발달로 신생아 사망률이 대폭 줄었으며 항생제의 사용으로 전염병(감염질환)을 극복했기 때문입니다. 하지만 수명이 늘어난 만큼 병의 종류도 많아졌고 난치병도 늘어났습니다. 현대인의 병은 점점 더 복잡하고 낫기 어려운 만성질환으로 진화했습니다. 이의 극복을 위해 현대의학은 무던히도 노력하고 있지만 난치병과 만성질환의 실마리를 찾지는 못하고 있습니다.

항생제와 화학약품들의 개발로 인류에 대항하는 세상의 질병은 모두 전멸할 것만 같았지만 인류를 구한 항생제와 화학요법은 더욱 강력하고 독한 질병을 불러왔습니다. 또한 현대인은 문명의 발달과 산업화, 도시화를 거치며 오염된 환경과, 유해물질들이 첨가된 음식물에 무방비 상태로 노출되어 있다고 해도 과언이 아닙니다.

게다가 환경은 엄청난 기술적 진보에 가늠할 수 없는 속도로 빠르게 변화한 반면 현대인의 유전자는 아직 평균수명이 50세에도 미치지 못하던 시대 그대로입니다. 즉, 현대인은 여전히 변화하기 전 환경에 맞는 몸을 지닌 채 변화한 환경에 억지로 끼워 맞춰 살고 있습니다. 이에 많은 현대인이 아토피성 피부염이나 천식, 알레르기성 비염과 같은 질병에 시달리고 있고, 신종플루나 에이즈, 조류독감을 비롯한 무시무시한 희귀병의 위험에 처하게 된 것입니다.

내성이 생기지 않는 천연항생제

이렇듯 현대인은 문명과 현대의학의 눈부신 발달 아래 질병의 사각지대에 놓여 있습니다. 결국 학계나 의학계는 의약품이 아닌 우리 몸에 있는 자연 치유력과 면역력을 키

워야 한다는 결론에 이르고, 내성 없는 자연 물질에 관심을 돌리게 됩니다. 따라서 세계적으로 식이 · 영양, 정신 · 신체기법과 같은 대체의학 연구가 활발히 진행되고 있으며, 이와 함께 천연의 항생제라 불리는 프로폴리스의 효능과 활용법에 관한 연구도 다방면으로 진행되고 있습니다.

프로폴리스는 벌집 추출물로 유럽 여러 나라에서는 이미 수세기 전부터 가정의 상비약으로 페니실린의 공급이 원활하지 않았을 때는 전시 필수품으로 사용되며 그 효능을 인정받아 왔습니다. 그러다 페니실린, 아스피린, 설파다이아진과 같은 값싸고 구하기 쉬운 합성 의약품이 발명되면서 잊혔다가 인공 합성 항생제의 부작용이 속속 드러나면서 거의 1세기 만에 다시 의학자들의 관심을 받게 됩니다. 본격적으로 세간에 이슈가 되기 시작한 것은 1965년 프랑스의 생화학 교수였던 레미 쇼방(Remmy Sauvin) 박사의 논문 〈프로폴리스의 임상효과에 대하여〉가 발표되면서 부터입니다. 곧이어 1970년에는 구소련의 과학 아카데미의 빌라누에바(U. H.Villanueva)박사가 프로폴리스는 18종의 플라보노이드(Flavonoid) 성분과 갈란지나 피오세모리나 (Galangina Pinocemorina)라는 항생성분으로 구성되었다고 발표함으로써 벌집이 무균 상태로 유지되는 이유가 바로 프로폴리스 때문이라는 사실이 밝혀집니다.

쇼방 박사는 곤충에 붙어 있는 세균을 연구하던 중 꿀벌이 어떤 박테리아도 없는 무균 상태임에 놀라게 되고, 벌집 또한 전혀 세균이 존재하지 않는 무균상태인 것에 더욱 놀랍니다. 당연히 그의 연구 발표에서 이 사실을 언급했고, 신문을 통해 이 사실을 접한 당시 덴마크 시장 아가드(K. Lund Aagaad)는 쇼방 박사의 연구 결과를 보고 병원과 협력하여 1만6천 명의 환자에게 프로폴리스를 투약하게 됩니다. 이 결과 암, 요도감염, 축농증, 상처치료 등 각종 질병 97%에 치료 효과가 있는 것으로 나타났습니다.

프로폴리스의 효능은 세포의 재생과 성장 촉진, 활성산소 제거 작용으로 인한 세포 손상과 각종 질병에 대한 저항력 향상이 있습니다. 따라서 암, 당뇨, 염증 등 각종 질병에 대한 효능이 뛰어나며, 무엇보다 인체의 고유한 기능과 밸런스를 정상적으로 복원하여 스스로 건강한 상태를 유지하고 질병에 대한 저항과 자가 치유 능력을 키워주는 데 탁월합니다. 여기에 천연물질로 내성까지 없으니 부작용 많은 항생제의 대체 물질로 프로폴리스가 주목받을 수밖에 없습니다.

"프로폴리스가 박테리아에 100% 효과를 나타낸다는 점은 정말 놀랍다. 이런 완벽한 항생효과는 일찍이 없었다."

Dr. Remy Chauvin, The American Chiroprator

제2차 세계대전이 한창이던 1940년대 초 등장한 페니실린은 인류의 희망이자 영웅이었습니다. 사람들은 이제 박테리아로 인한 죽음의 위험에서 해방됐다고 생각했습니다. 그러나 불과 1년 만에 박테리아는 페니실린의 공격을 무력화시키는 능력, 즉 내성(耐性)을 지니게 됩니다. 아목실린, 암피실린, 세파렉신, 반코마이신 등 수많은 고성능 항생제가 개발됐지만 그때마다 박테리아는 내성을 획득해 인류를 위협하고 있습니다.

내성균의 출현과 확산은 갈수록 빨라져 이 추세가 계속된다면 항생제가 개발되기 이전 시대로 돌아갈 수 있다고 전문가들은 경고합니다. 병도 아니라고 여기게 된 폐렴, 임질, 중이염, 결핵 등이 불치병으로 돌변해 생명을 빼앗는 일이 벌어진다는 것입니다.

따라서 항생제 처방 세계 2위인 우리나라에서도 세균의 항생제 내성 문제는 당연히 굉장히 심각한 문제로 떠오르고 있습니다. 바로 요즘 러시안 페니실린, 천연 페니실린이라 불리는 내성 없는 천연항생제인 프로폴리스가 더욱 절실해지는 이유입니다.

현대인에게 더욱 주목받는 프로폴리스

생활수준의 향상과 웰빙이 새로운 라이프스타일로 자리잡으면서 건강 지향 욕구가 증대되고 있습니다. 인터넷을 비롯한 각종 미디어의 보급과 발달로 대체의학과 자가 치료 및 건강 정보에 대한 일반인들의 접근이 용이해졌으며 일반인도 전문가 못지않은 건강 관련 지식 수준을 보이고 있습니다. 또한 고령화 사회로 접어들면서 발병 후 치료보다는 예방이 우선되어야 한다는 사고방식과, 식생활 개선의 중요성이 부각되고 있습니다. 이에 따라 건강 기능성 식품에 관심이 증가하고 있으며 그 가운데에 프로폴리스가 있습니다.

2) 꿀벌이 가져다준 기적

벌이 병이 없는 것은 프로폴리스 때문

벌집에 무려 수만 마리의 벌들이 왕래하는 상황에서도 어떤 박테리아나 바이러스가 발견되지 않는 것은 프로폴리스로 마감된 벌집 덕입니다. 만약 프로폴리스가 없다면 벌집의 입구는 가장 쉽게 오염될 수 있는 장소가 될 것입니다. 또한 벌통 입구의 통로 안쪽을 프로폴리스로 마감해두었기 때문에 벌들이 이곳을 통과하며 자연스럽게 소독 살균되는 결과를 얻게 됩니다.

다시 말해 벌집 속에서 나쁜 균이 전혀 관찰되지 않는 것은 자연의 항생제인 프로폴리스가 유해한 미생물을 죽이는 항생 작용을 하기 때문입니다. 그리고 그 물질을 사람이 섭취하면 체내에 흡수돼 동일한 효과를 얻게 됩니다.

즉, 프로폴리스는 질병으로부터 벌집을 보호하는 파수꾼인 것입니다. 이는 프로폴리스(Propolis)라는 이름을 얻게 된 이유이기도 합니다.

'프로폴리스' 라는 말은 그리스어에서 유래된 것으로 프로(pro)는 '앞(Before)'을 뜻하고 폴리스(Polis)는 '도시

(City)'를 뜻합니다. 그러므로 두 어원을 합하면 '도시의 앞'을 의미하고 여기에서 말하는 '도시'란 벌집을 뜻하므로 다시 해석하면 '벌집 앞에서 안전과 질병을 막아주는 물질'이라 할 수 있습니다. 곧 '프로폴리스'라는 말로 항균, 면역 작용에 대한 효과를 표현한다 할 수 있습니다.

꽃과 나무의 항균 물질이 함유된 천연 항생 물질

프로폴리스의 발견은 아주 우연한 사건에서 비롯합니다. 밀림의 들쥐가 꿀을 먹기 위해 벌통에 침입했다가 벌들의 공격을 받고 죽었는데 그 사체가 벌통 안에 방치된 채로 2년 후에 발견된 것입니다. 그런데 그때 들쥐의 사체가 전혀 썩지 않고 살아 있을 때와 같은 형태를 유지하고 있었습니다. 이를 특이하게 여겨 학자들은 들쥐의 사체를 조사했고, 그 결과 사체 표면에 프로폴리스가 발라진 사실을 알게 됩니다. 이후 프로폴리스는 항균·항생 효과가 있는 천연항생제로 알려집니다.

그렇다면 이런 프로폴리스는 어떻게 만들어지는 것일까요? 프로폴리스는 꿀벌이 자신의 생존과 번식을 유지하기 위해 여러 가지 식물에서 채취한 수지(樹脂)와 같은 물질에 꿀벌의 타액과 효소 등을 혼합하여 만든 물질입니다. 간단히 말해, 프로폴리스란 '꿀벌이 나무의 싹이나 껍질에서 모은 수액에 자신이 분비하는 타액의 강력한 효소를 완전히 섞어서 만드는 물질'입니다.

채집 일벌들 가운데 일부는 꽃꿀을 찾아다니며 나머지는 프로폴리스라는 물질을 대량으로 모읍니다. 그리고 이렇게 만든 프로폴리스를 벌집의 틈이 난 곳에 발라 병균이나 바이러스, 말벌이나 쥐 같은 외적들로부터 방어합니다. 그리고 유충의 산란과 성장, 식량인 꿀이 적절히 숙성되고 보관하기에 적절한 위생 상태를 유지하는 데 사용되는 것입니다. 특히 여왕벌이 소방(巢房)에 알을 산란할 때 일벌들이 소방을 청소한 후 프로폴리스를 바름으로써 소독하여 산란된 알들이 안전하게 부화하여 건강하게 자랄 수 있도록 합니다.

또한 나무와 목본 식물의 싹에서 채집되는 붉은 갈색의 끈적끈적한 물질인 프로폴리스는 꿀벌의 만능 재료입니다. 광택제, 초벌 도료, 접착제, 비바람을 비롯한 기상 요소들을 견디게 해 주는 도료로 쓰입니다. 아마 프로폴리스가 없다면 꿀벌의 집은 기생충과 스며드는 물 바람에 쉽게 허물어 버릴 겁니다.

3) 고대 이집트 문헌에서부터 로마시대 약학사전
〈약학지〉까지, 고문헌에서 확인하는 프로폴리스의 효능

동의보감에서도 인정한 벌집의 효능

프로폴리스는 오래전 우리나라에서도 사용돼 왔습니다. 〈동의보감〉의 탕액편을 보면 노봉방(말벌집)의 효능이 기록돼 있는데, 노봉방은 다른 이름으로 봉방, 봉소라 하며 나무 위에 붙어 있는 크고 누런 벌집을 말합니다. 이것이 경간(경기와 간질), 계종(몹시 놀라 팔다리가 가볍게 떨리는 증세), 옹종(등창과 종기), 유옹(유방종기, 유선염, 유방암) 및 치통을 치료한다고 기록돼 있는 것입니다. 또한 본초강목에는 노봉방은 호봉의 봉소(벌집)로서, 효능은 거풍공독(풍을 물리치고 독을 없앰), 산종지통(종기를 없애고 통증을 멎게 함)이라고 합니다. 외용으로는 노봉방만을 다려서 유옹, 옹저(악성종기), 악창(고치기 힘든 악성 부스럼)에 발라 씻어주라 했으며 외과, 치과에 치료 및 살균효과가 있다고 했습니다.

여기에서 노봉방의 효능은 말벌집을 지을 때 수지를 혼합한 것과, 벌방에 알을 놓기 전에 프로폴리스로 코팅 소독을 하는 벌들이 일년 내내 새끼를 기를 때마다 칠하여 놓은 프로폴리스의 축적된 효능이 포함되어 있는 것으로 볼 수 있으며 현대과학에서 밝혀진 프로폴리스의 효능과 같은 임상효과임을 알 수 있습니다.

고대 문헌에 기록된 프로폴리스의 효능

〈동의보감〉뿐 아니라 프로폴리스의 효능은 역사 속 무수한 문헌에 기록돼 있습니다. 이집트에서는 미라의 부패를 막기 위해 이를 사용했고, 아리스토텔레스도 피부질환이나 상처감염 치료약으로 프로폴리스를 썼다는 기록을 남겼습니다. 또 옛 로마 병사와 소련 군인도 전장에 나갈 때를 반드시 프로폴리스를 몸에 휴대하였다가 전쟁에서 입은 상처를 치료하는 데 사용했다고 합니다.

창이나 칼 또는 화살로 입은 상처는 제때 치료하지 않으면 곪아터지기 쉬운데 프로폴리스가 화농 방지는 물론 감염증 예방 등 약보다 빠른 조직재생 작용을 했기 때문입니다. 남미의 잉카제국에도 프로폴리스를 해열진통제로 사용했다는 기록이 있습니다.

▶ 노아가 방주를 만드는 데 역청을 사용했다. 방수를 위해 송진과 수지를 섞어 만들었다. - 〈성경〉

▶ 미이라를 보관하는 방부제로 사용했다. - 이집트 고문헌

▶ 전염되는 열병(말라리아)의 치료와 해열제로 사용했다.
 - 잉카 고문헌

▶ 성직자들이 각종 병에 치료제로 사용했다.
 - 고대 그리스 고문헌

▶ 병사들은 전장에 갈 때 반드시 프로폴리스을 휴대했다.
 - 고대 로마시대 고문헌

▶ 꿀벌이 특히 여름에 둥지상자 앞부분 입구에 칸막이를 만드는 데 사용하는 물질로 의사는 찜질약을 만드는 데 사용한다.

- 바파로오, 〈농업론〉

▶ 꿀벌의 황색 진에서 향기가 난다. 이 향기가 소합향과 비슷한 것을 선택하면 좋고 그것을 적절히 건조시켜도 굳어지지 않고 발랐을 때는 유향처럼 잘 처진다. 가시 등을 뽑는 데 좋다. 훈증하여 사용하면 기침이 멈추고 바르면 고통이 없어진다. - 디오스코리데스, 〈약물지〉

▶ 꿀벌들은 모든 종류의 꽃의 즙이나 점액을 내는 수목에서 나오는 수액을 모아서 벌집을 만든다. 다른 생물이 벌집에 침입해 오지 못하도록 벌집 속에 이것을 칠하고 벌집의 입구가 넓으면 이것으로 좁게 한다. 이 물질은 새까맣고 자극적인 냄새가 있으며, 타박상이나 곪은 피부병에 잘 듣는다. - 아리스토텔레스, 〈동물지〉

▶ 체내 독을 배출하고 붓거나 경직된 몸의 부위를 부드럽게 한다. 뿐만 아니라 신경통을 완화시켜주고 짓무른 상처나 종기를 낫게 하며 고질병을 치료한다. - 폴리니우스, 〈박물지〉

4) 프로폴리스의 안정성 연구

프로폴리스의 효능은 수천 년 인류의 역사와 함께 해왔다 할 수 있습니다. 현대에 와서는 학술적으로 그 효능과 안정성이 속속 입증되고 있는 실정입니다. 독일, 이탈리아, 소련, 체코슬로바키아, 루마니아 등 유럽에서는 1960년경부터 본격적인 연구가 시작되었고, 일본에서는 1985년 동경 의과, 치과 대학 및 국립대 의과대 등 여러 대학과 인터페론(Interferon) 연구소 등에서 본격적인 연구가 진행되었습니다.

다음은 프로폴리스의 안정성을 입증하는 연구 사례입니다.

▶ 개와 쥐의 체중 1kg당 10~15g을 수개월에 걸쳐 경구투여해도 독성 및 병리상의 문제가 발생하지 않았다.
- Metzner(1975), Donadieu(1987)

▶ 프로폴리스의 경구 LD50(동물에게 투여했을 때 그 50%가 사망할 것으로 추정되는 용량)은 3,600㎎/kg이상이며 금기사항이

나 부작용이 전혀 없이 안전하다. - Kaneeda, Tamotsu (1994)

▶ 국소빈혈 손상을 입은 환자에 대한 화분과 프로폴리스 등의 양봉치료법은 항과산화 시스템과 대뇌혈액 공급의 지표에서 매우 긍정적 변화를 초래했다(즉, 환자의 손상된 조직기능들을 신속하게 복구시켰다). - Samoliuk(1995)

▶ 프로폴리스의 약물학적 활동이 다양한 기간의 중독 간장 질환 동물실험에서 30~60%의 적절한 항과산화 특성들을 나타냈다. - Drogovoz(1994)

▶ 프로폴리스로부터 유래된 면역강화 카페인산은 산화 과정에서 발생한 종양촉진제와 발암물질을 차단하는 것으로 입증되었으며 몇몇 변형된 세포들에 대해서는 특이한 독성을 나타내는 것이 증명되었다. - Chiao(1995)

▶ 면역강화 카페인산이 강력한 항염증 인자로서, 또한 종양촉진을 강력하게 억제한다. - Frenkel(1993)

2장 프로폴리스 어떻게 몸을 다스리고 질병을 치료하는가

1) 프로폴리스의 성분

프로폴리스의 구성성분으로는 유기물과 미네랄(무기염류)이 가장 많으며 이와 함께 약 104종의 성분이 들어 있습니다. 프로폴리스는 대단히 복잡한 복합 물질로서 50%의 수지 물질과 30%의 밀랍, 10%의 휘발성 정유, 5%의 화분, 5%의 미네랄로 이루어져 있습니다. 많은 성분 중에서 미네랄·비타민·아미노산·지방·유기산·플라보노이드 등이 세포 대사에 중요한 역할을 합니다.

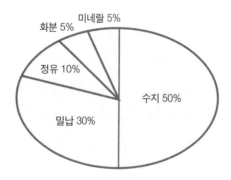

그중 플라보노이드는 식물의 잎, 꽃, 열매, 줄기에 많이 들어 있는 노란색 계통의 식물 색소로 항균·항염증 작용과 체내 산화작용을 억제한다는 사실이 알려져 관련 물질 개발이 광범위하게 이뤄지고 있습니다. 특히 프로폴리스에는 100종류가 넘는 플라보노이드가 들어 있습니다. 다시 말해 프로폴리스는 벌이 식물 내에 플라보노이드 성분을 물어서 모아놓은 것이라고 할 수 있습니다.

▶ 플라보노이드의 생리적 기능

- 포도상구균, 대장균, 디프테리아균, 기타 곰팡이균 등에 대한 증식 저해활성을 유도한다.
- 상처와 오염된 조직 재생, 세포의 신진대사를 활발하게 한다.
- 항알레르기 작용으로 독성을 방지한다. 알레르기를 일으키는 알레르겐을 원천적으로 봉쇄, 알레르기 과잉반응(비염, 아토피, 천식, 유행성 결막염)에 대한 과잉 억제 작용을 한다.
- 인터페론 생성을 촉진하여 면역력 강화 작용을 한다.
- 체내 에너지 생산에 유익한 효소 반응을 증신시킨다.
- 유해산소에 의한 과산화 반응을 억제한다.

- 염증이나 통증을 일으키는 프로스타 글란딘의 생성을 억제한다.

- 혈관 벽 경화를 방지해 혈관을 강하게 한다.

- 혈액을 정화시켜 혈액순환을 좋게 한다.

- 면역기능을 높여 암을 치료하고 암 발생을 억제하는 항암작용을 한다.

- 활성산소를 중화시켜 항암 효과를 높이고 부작용을 경감시킨다.

- 방사선 치료에 의한 부작용을 경감시킨다.

- 스트레스, 환경오염, 약물 피해 등으로 상처받은 유전자를 원상태로 회복시킨다.

- 비타민 C를 활성화시켜 감기나 괴혈병을 예방한다.

이처럼 플라보이드의 효능은 나열하기 어려울 정도로 많습니다. 또한 그만큼 프로폴리스의 효과를 좌우하는 주요한 성분입니다. 따라서 생화학적 기준 PBQ에 따라 프로폴리스제품을 생산하고 있는 국가에서는 반드시 제품성분 표시란에 플라보이드 함량을 표기하고 있습니다. FDA나 해당 국가의 전문 성분 분석기관에 성분과 효능을 검증을 마친 프로폴리스 제품이라면 그 플라보노이드 함량에 대해선 정확하다고 말할 수 있습니다.

2) 프로폴리스의 효능은 무엇인가

항산화 작용

사람이 마시는 산소의 3%는 체내에서 활성산소로 변합니다. 이 활성산소는 우리가 호흡하는 산소와는 다르게 불완전한 상태에 있는 산소로 유해산소라고도 합니다. 현대인의 질병 중 약 90%가 활성산소와 관련이 있으며, 구체적으로 암, 동맥경화, 노화, 당뇨병 등의 유발 원인으로 보고 있습니다.

이런 유해산소와 싸워줄 수 있는 유일한 방어물질이 SOD효소이며, SOD(Super oxid dismutase) 효소가 활발히 생성되면 우리 몸에 활성산소가 생성되어도 문제가 없게 됩니다. 그러나 40세 이후가 되면 세포의 합성능력이 급격히 떨어지므로 노화가 촉진되고 세포의 손상도 불가피해집니다. 프로폴리스에는 이런 SOD 효소의 기능을 높여줌으로써 활성산소의 분해 및 억제작용에 기여할 수 있는 물질이 많이 함유되어 있어 항산화 효과에 탁월합니다.

면역 증진 작용

면역력은 바이러스 등 외부 병원균으로부터 몸을 보호하고 침투한 바이러스를 퇴치하는 데 중요한 시스템입니다. 이런 면역 기능을 높이는 하나는 대식세포(macrophage)의 활성화이며, 프로폴리스가 대식세포의 대식 기능을 강화시켜 항원항체 반응체계를 신속하게, 그리고 강력하게 유도시킴으로써 면역 기능 향상에 기여할 수 있습니다.

천연 프로폴리스를 이용하여 활성산소 및 방사선에 의한 생체손상 억제력과 면역증강을 통한 생체 방어력 증강에 대한 동물실험 결과가 학계에 발표된 바 있다.

실험에 의하면 활성산소 및 방사선에 의한 세포 DNA 손상 억제 실험에서 프로폴리스 대조군에 비해 활성산소의 일종인 과산화수소수 처치에 의한 DNA 손상은 47.1%, 방사선 조사(照射)에 의한 DNA 손상은 47.5%를 대조군에 비해 각각 억제하였다.

생쥐에 프로폴리스를 투여하고 방사선(6.5 Gy)을 조사한 다음 간을 적출해 조직 내 지질 및 단백질의 산화 정도를 측정한 결과 대조군에 비해 지질과산화는 69.9%, 단백질산화는 85.5% 억제하였다.

산화적 생체 손상의 주요원인 활성산소 제거력에 대한 실험에서 프로폴리스는 농도 25μg/㎖ 처리 시 40%, 50μg/㎖ 처리 시 74%, 100μg/㎖ 처리 시 88%로 매우 높은 활성산소 제거 효과를 나타냈다.

조혈계의 손상을 유발하는 방사선을 조사한 후 면역세포의 급격한 감소를 보충하기 위한 조혈모세포(혈액세포)가 비장으로 급속히 이동하는 수를 측정한 실험에서 프로폴리스 0.1㎎ 투여군에서 대조군에 비해 45% 이상의 증가를 보임으로써 생체 손상에 대한 면역복원 효과와 조혈모세포 보호 효과가 있음이 확인되었다.

면역증강실험에서는 T세포(몸안의 세균을 파괴하는 세포)의 면역 반응으로 나타나는 비장비대증을 측정한 결과 프로폴리스 0.1㎎ 투여군에서 68%의 증강효과를 나타냈으며, NK(Natural Killer, 자연살해)세포의 활성증강 효과는 13~25%, 대식세포의 탐식작용 증강효과는 26% 정도로 나타났다.

　이러한 실험 결과로 보면 프로폴리스는 산화적 스트레스, 즉 유해 활성산소 및 방사선에 의한 인체손상을 억제하고 면역계를 보호하며 면역반응을 증강시키는 효과가 있음을 알 수 있다.

- 조성기, 한국원자력연구원 / 진영수, 울산의대 · 서울 아산병원 (2006년)

항암 작용

　1991년 일본 국립예방위생연구소의 마쓰노 테쓰야 박사는 브라질산 프로폴리스로부터 3종류의 항암 물질을 순수한 형태로 분리하는 데 성공합니다. 발견된 항암물질은 카페인산페네틸에스테르, 케르세틴, 클레로당디테르펜 등 3가지이고 특히 클레로당디테르펜은 처음 발견된 물질로 암세포를 사멸하는 것으로 밝혀졌으며 그 화학구조도 분명해졌습니다. 이후 마츠노 박사는 또 이 세 가지 물질 외에도 '아르테필린C' 라는 항암물질을 발견합니다.

　또한 제57회 일본암학회에서는 나고야대학 연구진이 유방암에 걸린 쥐에게 프로폴리스를 섞은 사료를 투여

한 결과 유방암이 30% 억제되었다는 연구 논문을 발표
합니다.

항균 · 항염증 작용

수만 마리의 벌이 살고 있는 벌집은 여러 균이 서식하기
에 적합한 조건이지만 프로폴리스 때문에 항상 무균 상태
를 유지할 수 있습니다. 꿀벌은 벌집에 프로폴리스를 발라
병원균의 번식을 막고, 다른 생물이 침입했을 때 프로폴리
스로 코팅하여 부패를 막습니다. 이를 증명하는 사례가 프
로폴리스를 사용한 이집트 미이라의 경우입니다.

또한 프로폴리스는 박테리아에 의한 단백질 합성을 억제
하여 항균작용을 담당하기 때문에 구내염, 인후염, 편도선
염, 피부의 상처 등 염증성 질환에 탁월한 효능을 갖습니
다. 의학의 아버지 히포크라테스도 프로폴리스를 궤양을
치료하는 데 사용하였다고 합니다.

진통 작용

프로폴리스는 유럽에서 '천연페니실린', '천연아스피
린'으로 알려질 정도로 진통 작용에 탁월합니다. 프로폴리

스의 진통 효과는 아스피린과 비슷하며 천연물질이기 때문에 부작용도 없습니다. 또한 진통효과는 좋으면서 위장장애나 간에 부담을 주지 않으며 다른 약물의 치료효과를 상승시키는 효과가 있습니다.

항바이러스 작용

프로폴리스의 플라보노이드 성분은 백혈구를 자극해 항바이러스 물질인 인터페론의 생산을 증가시킵니다. 바이러스, 세균 등 인터페론을 유발하는 물질을 인터페론유도자라고 하는데, 바로 프로폴리스에 함유되어 있는 플라보노이드가 이러한 유도자의 하나로 인터페론은 표적세포항원에 반응하지 않더라도 출현하는 자연 항체 NK(Natural Killer)세포를 활성화하여 항바이러스 작용을 발휘하는 것으로 알려져 있습니다.

세계 프로폴리스사이언스포럼, 어떤 발표 나왔나
"벌집 추출물 프로폴리스, 암 · HIV 억제 효과"

벌집에서 추출하는 '프로폴리스(Propolis)'는 벌이 안겨준 천연항생제. 벌은 프로폴리스를 벌집을 만드는 접착제로 사용한다. 나무에서 채집한 수액에 벌의 타액을 섞어 만든다. 프로폴리스의 항산화 · 면역증강 효과는 이미 오래전에 입증 됐다. 이를 활용해 건강기능식품 · 화장품 · 치약 · 비누 등 다양한 상품으로 거듭나고 있다. 최근엔 프로폴리스의 새로 운 약리효과가 추가로 확인되고 있다. 세계프로폴리스사이 언스포럼(WSPF)은 지난 6일 부산 벡스코에서 '제3회 세계 프로폴리스 사이언스 포럼'을 개최했다. '프로폴리스의 과 학적 접근'을 주제로 열린 이 포럼에선 프로폴리스가 암은 물론 후천성 면역결핍 바이러스(HIV)를 억제한다는 연구결과 가 발표됐다.

벌집의 50%가 프로폴리스다. 원료는 벌집에 열을 가해 알 코올로 추출해 얻는다. 프로폴리스는 약 150가지 화합물과 22가지 미네랄이 함유된 복합물질. 벌이 수액을 채집하는 나 무의 종류에 따라 성분에 차이가 있다.

프로폴리스의 기능은 크게 항염·항산화·면역증강 세 가지다. 세계프로폴리스사이언스포럼 이승완 회장은 "프로폴리스의 케르세친과 큐마린 등 성분은 염증 완화 효과가 있다"며 "유해산소를 제거하는 플라보노이드 성분은 천연물 중에서 가장 많다"고 말했다. 아테필린-C, 카페인산 등 성분은 면역력에 도움을 준다.

2000년대 중반부터 매년 100여 편의 프로폴리스 학술논문들이 발표되고 있다. 이번 국제 포럼에선 국내 연구진이 항암효과에 대해 발표해 주목을 받았다. 단국대 의대 이비인후과 이정구 교수는 '프로폴리스와 광감작제 복합 레이저 치료가 두경부 암세포에 미치는 효과'를 소개했다. '광감작제'는 빛과 산소를 접하면 특정 작용을 하는 물질이다. 인체에 투입한 후 레이저광선을 쏘면 체내 산소와 결합해 세포파괴 물질을 발생해 암 등 치료에 이용된다.

이 교수팀의 연구 결과 프로폴리스에 광감작제를 혼합해 레이저를 쏘면 암세포 억제 효과가 큰 것으로 확인됐다. 연구팀은 두경부 암세포를 수용성 프로폴리스 치료군, 광감작제 레이저 치료군, 복합 치료군(수용성 프로폴리스+광감작제 레이저)으로 나눠 암세포의 변화를 관찰했다. 레이저광선

의 파장은 660nm였다. 그 결과 수용성 프로폴리스와 광감작
제 치료군의 암세포를 각각 20%, 34% 억제했다. 이정구 교
수는 "하지만 복합치료군에선 암세포를 76% 억제해 효과가
가장 우수했다"고 밝혔다.

프로폴리스가 에이즈를 일으키는 원인 바이러스인 HIV와
전립선암에도 효과가 있는 것으로 나타났다. 프로폴리스 세
계 석학인 브라질 캄피나스주립대 박영근 석좌교수는 '프로
폴리스의 항HIV 활성 비교 전립선암 세포 증식 억제'연구결
과를 발표했다. 박 교수는 브라질 남부, 남동부, 중서부, 북동
부, 북부에 서식하는 꿀벌에서 600개의 프로폴리스 샘플을
채취했다. 이후 다시 추출 과정을 거쳐 13개 군으로 분류하
고 항HIV 효과를 관찰했다.

박 교수는 "브라질 남부지방에서 채취한 프로폴리스의
HIV 억제 효과가 50%로 가장 우수했다"고 설명했다.

프로폴리스가 전립선암세포에 미치는 영향도 평가했다.
그 결과 암세포 분열 조절 단백질을 억제해 성장을 억제하는
것으로 관찰됐다.

2011. 11. 8 〈중앙일보〉- 황운하 기자

▶ 프로폴리스의 다양한 생리적 기능

생리적 기능	관련 질환
살균·항균 작용	• 구내염, 치주염, 폐렴, 방광염, 설사, 화상, 상처 등
항바이러스 작용	• B형·C형 간염, 감기, 인플루엔자 등
소염작용	• 알코올성 간염, 만성부비공염, 만성방광염 등
항알레르기·면역 조정 작용	• 아토피성 피부염, 화분병, 천식, 류마티즘 등
혈관강화·혈액순환 조절 작용	• 고혈압, 저혈압, 빈혈, 뇌경색 휴유증, 뇌혈관성 치매, 냉, 탈진
내분비·신진대사 개선 작용	• 당뇨병, 피로성 체중 감소, 생리통, 갱년기장애 등
스트레스 완화 작용	• 자율신경실조증, 어깨결림 등
조직재생 작용	• 위궤양, 궤양성 대장염, 수술 후의 회복 등
활성산소 제거 작용	• 암, 노화방지 등
진통 작용	• 신경통, 관절염, 말기 암 등

▶ 국제적으로 인정된 프로폴리스의 탁월한 효능

- 효과가 신속히 나타나는 즉효성

- 인체에 대한 안정성

- 효과 높은 확률성

- 수천 년 동안 확인된 임상에 의한 인체의 자연 임상성

- 국제적으로 효과를 인정하고 사용되는 국제성

3) 프로폴리스의 호전반응은 어떻게 나타나는가?

호전반응이 바로 건강신호

호전반응이란 몸이 건강해지고 있다는 신호와도 같습니다. 물론 원래부터 몸이 얼마나 안 좋았느냐, 체질이 어땠느냐에 따라서 개인차가 심하며 호전반응도 다릅니다. 대개 프로폴리스의 호전반응은 알레르기와 같은 두드러기나 습진의 형태로 나타나며, 이 외에도 피부 겉에 뾰루지가 올라오거나 손발의 저림 증상, 발진, 두통을 보일 수 있으므로 프로폴리스 섭취법과 호전반응을 미리 알아둘 필요가 있습니다.

호전반응이 지속되는 기간 역시 개인차가 심하고 경우에 따라 아예 나타나지 않는 사람도 있습니다. 보편적으로 프로폴리스 섭취하고 3~10일간 지속되다가 사라지나, 일주일 후에 나타나는 사람도 있으며 짧게는 2일 정도만 호전반응을 보이는 사람도 있습니다.

▶ 질환에 따른 호전반응

질환	현상과 반응
스트레스	머리가 조이는 듯한 통증, 머리 습진, 일시적 탈모
두통	메스꺼움, 두통, 불안, 불면, 류마티즘, 관절통, 신경통, 무기력증, 망상 등
눈 질환	충혈, 눈물, 눈곱, 가려움, 눈속 통증
고혈압	일시적 혈압 상승, 어지럼증, 조급증
저혈압	일시적 빈혈, 서맥(徐脈), 신체 일부의 냉감
대장염	일시적 변비증, 일시적 설사, 괴양성 출혈
비만증	둔하고 무지근한 느낌, 압통
알레르기	물집, 가려움, 부종, 권태감
만성피로	발열, 불면, 두통, 식은땀, 허벅지 통증
당뇨	일시적 혈당 상승, 숙변, 복부 팽만, 갈증
암	경련, 숙변, 부종, 흑변, 미열, 불면
천식	통증, 고열, 두통, 부분적 근육수축(쥐), 기침, 가래, 목 통증
비염	일시적 후각 상실, 콧물
중이염	불면, 귀울림, 초조감, 화농증, 난청, 어지러움
간 질환	전신 발진, 무기력증, 식욕 감퇴, 발바닥 발등 피부 벗겨짐
신장 질환	귀울림, 현기증
위염, 위궤양	식욕부진, 식은땀, 구취, 더부룩함, 무기력증
심장 질환	두근거림, 잔등의 통증, 가슴 통증
폐 질환	목구멍 통증, 식은땀, 잔등의 통증, 기침, 가래, 감기 기운
피부 질환	가려움증, 탈모, 붉은 반점, 습진, 피부 거칠어짐
아토피	습진, 부종, 발진, 가려움, 짓무름, 발열
치질	가려움, 통증, 부기, 일시적 출혈
잇몸 염증	부기, 통증, 잇몸출혈, 두통

호전반응과 알레르기성 반응의 구별

약물 부작용과 프로폴리스의 호전반응의 차이는 발생 시기에서 추측할 수 있습니다. 만약 알레르기성 반응이라면 먹거나 바른 직후 혹은 1~2일 후에 증상이 나타납니다. 그러나 호전반응은 5~7일 또는 수개월의 시간이 지나고서 나타나는 경우가 많습니다. 또한 호전반응은 시간이 지날수록 점차 가벼운 증상을 보입니다. 반면 약물 부작용의 경우에는 증상이 거듭될수록 심해집니다. 프로폴리스의 호전반응에서는 한차례 고비를 넘으면 그 후에는 신체가 정상적으로 돌아와 편해집니다. 호전반응을 극복함에 따라 점점 신체 컨디션이 개선되는 것을 스스로 뚜렷이 인지하게 됩니다.

4) 프로폴리스 어떻게 섭취하는가

내용법(음용법)

처음 시작할 때 약간 거북스럽다면 물이나 주스, 커피, 우유, 유산균음료 등에 타서 먹습니다. 음료의 종류와 온도는 상관없지만 가능하면 인공첨가물이 없는 자연 음료가 좋습니다. 냄새나 맛이 신경 쓰인다면 벌꿀과 섞어서 미지근한 물에 타서 레몬 등을 떨어뜨리면 먹기 좋은 상태가 될 수 있습니다. 하지만 찬물이나 미지근한 물에 타서 먹거나 목에 그대로 떨어뜨리는 등 자연 그대로의 맛으로 먹는 편이 좋습니다.

외용법

프로폴리스는 여드름, 습진, 백선, 무좀, 사마귀 같은 피부질환이나 비염, 구내염 및 치주염에 효과가 탁월합니다.

비염의 경우 약솜이나 면봉에 프로폴리스를 콧속에 발라주면 수일 내 개선되는 느낌을 받을 수 있습니다.

또한 치통을 비롯한 각종 잇몸 질환, 구내염, 치질, 상처와 화상, 무좀, 사마귀 같은 피부 연성섬유 종 등에 원액을 직접 바릅니다. 단, 노약자의 경우 각종 피부병, 아토피 피부염엔 희석액을 발라줍니다.

캡슐 및 타블렛 제품 섭취법

캡슐이나 타블렛(정제, 錠劑) 제품은 프로폴리스 제품 중

가장 섭취가 편리하며 프로폴리스 고유의 향이 비위에 맞지 않아 액상 제품 섭취가 곤란한 분들에게 유용합니다. 섭취량에 제한은 없으나 하루 2~3회 제품에 표시된 권장량 (보통 회당 1~2개씩)대로 섭취하면 좋습니다.

목욕법

목욕물에 프로폴리스 원액을 풀어 희석합니다. 이때 프로폴리스를 욕조에 바로 풀어 희석하면 욕조에 수지가 묻기 때문에 다른 용기에 일차 희석한 것을 사용합니다.

손이나 발 등 국소부위의 무좀 등의 증상에 유용하며 상태에 따라 그 양을 가늠해 사용할 양의 물에 프로폴리스를 희석하여 치유할 부분만 담그면 됩니다.

프로폴리스의 목욕으로 얻을 수 있는 효과는 다양합니다. 피부가 부드러워지고, 증상의 정도에 따라 약한 상태라면 해당 부위에 내부 병증이 검은 반점으로 나타나고 심한 상태라면 물까지 검어지는 현상이 나타납니다. 이는 일조의 호전반응이며 배독현상과 동일한 효과로 체내의 독소를 배출하는 것입니다.

흡입법

빈 병에 프로폴리스를 넣어두고 (양은 몸의 상태에 따라 조절) 뚜껑을 열어두면 방 안 가득 프로폴리스 향이 퍼집니다. 피톤치드 효과가 있는 프로폴리스의 흡인법은 우울증, 불안감 해소, 각성, 불면증 완하 등 정서적 안정에 효과가 있습니다.

혼용법

햄프오일과 같은 흡수성이 좋은 오일과 혼합하여 사용합니다. 프로폴리스의 효능이 피부나 환부에 빠르게 스며들도록 하는 방법으로 심한 화상이나 광범위한 화상, 여드름과 아토피 피부에 사용됩니다.

기타

입술과 잇몸염증, 혓바늘 : 아침, 저녁으로 상처와 통증부위에 도포하고, 치약에 프로폴리스 1~2방울 섞어서 양치합니다.

기관지염, 인후통 : 프로폴리스 5방울 정도를 물 반컵에 희석시켜 입 안에 머금고 있다가 삼키면 통증이 완화됩니다.

　숙취제거 : 음주 전 후로 원액 10방울을 희석시킨 프로폴리스를 마십니다.

3장 프로폴리스, 내 몸을 살린다

위장

무려 120여 종의 미생물이 증식하고 있다는 위장에는 유해성 균이 많습니다. 특히 위염, 위궤양을 일으키는 균이 헬리코박터 파이로니(helicobacter pylori)입니다.

프로폴리스의 플라보노이드는 이 헬리코박터 파이로니의 증식을 억제하는 효과가 있어 위염, 위궤양이 있을 경우 항바이러스제와 프로폴리스를 병용하면 빠른 효과를 볼 수 있습니다.

대장

대장에는 대장 활동에 유익한 유산균, 유해한 대장균, 병원성 균이 있으며, 염증성 질환이 발생하면 항생제를 복용합니다. 하지만 잦은 항생제 복용은 건강에 유해한 균 뿐만 아니라 유익한 균 모두의 증식을 억제해 결과적으로 장 건강에 유익하다고 할 수 없습니다.

프로폴리스의 플라보노이드 성분은 유산균의 증식은 촉진하고 대장균, 포도상구균 등 유해균의 증식은 억제해 건강한 장을 만들어줍니다. 따라서 프로폴리스의 섭취로 변비, 설사 등의 발생을 예방할 수 있습니다. 또한 프로폴리스의 항산화 작용이 경직된 장을 부드럽게 만들어주기도 합니다.

호흡기

프로폴리스의 플라보노이드는 심폐기능을 강화시키고 염증을 제거하는 효과가 있습니다. 따라서 목 염증, 후두염, 코 염증, 코 점막의 염증 등 호흡기의 세균 질병에 탁월한 효과를 나타냅니다.

또한 삼림욕 성분으로 포도상구균, 연쇄상구균, 디프테리아 등의 미생물을 죽이는 휘발성 성분인 피톤치드(phytoncide)도 플라보노이드 일종으로 심리적인 안정감을 주고 말초혈관을 강화하여 심폐기능을 강화시켜 줍니다.

바이러스 감염 완하 작용

프로폴리스는 천연 항바이러스제로서 중요한 역할을 하며 항바이러스제와 병용하면 항바이러스제의 상승효과를 기대할 수 있습니다. 일반 감기의 경우 프로폴리스를 섭취하였을 경우에 3일 안에 완전히 회복되는데 프로폴리스를 섭취하지 않은 경우 5일 걸렸다는 보고도 있습니다.

피부 감염 완하

프로폴리스는 무좀 등 피부 감염에 관계되는 효모와 곰팡이 등 박테리아 억제효과가 있습니다. 따라서 프로폴리스는 아주 좋은 천연 살균제, 피부소독제로 평가되고 있습니다.

뉴로넥스 김동찬 박사, 천연 피부미백 성분 작용 메커니즘 규명

국내 연구진이 프로폴리스와 꿀에 함유된 주요 천연성분인 '크리신(Chrysin)'의 피부미백 작용 메커니즘을 규명하는데 성공했다.

포스텍(포항공과대학교) 출신 연구진들이 설립한 바이오 벤처 기업 뉴로넥스 김동찬 박사 연구팀은 최근 '크리신 (Chrysin)'의 피부 미백 효능과 UV와 같은 피부자극원으로부터 피부를 보호하는 명확한 작용 메커니즘을 규명했다고 31일 밝혔다.

이번 연구내용은 SCI 국제 학술지인 'Biochemical and Biophysical Research Communication' 2011년 7월호에 게재됐으며, 연구팀은 특허도 등록도 마쳤다.

뉴로넥스 연구팀은 컴퓨터 프로그램을 이용한 가상 신약 검색기법으로 각광 받고 있는 '버츄얼 스크리닝(Virtual Screening)' 프로그램을 이용해 피부 질병과 피부 세포 내 멜라닌 합성에 관련된 다양한 후보 단백질(Protein)들과 크리신 상호간의 결합 가능성을 1차적으로 조사했다.

연구팀은 크리신과 높은 결합력을 갖는 단백질 후보군을 선정한 후 이를 다시 실제 피부 세포 시스템에서 멜라닌 합성 억제 효능을 가지는지 실험을 통해 효능을 규명했다.

이번 연구에 따르면 크리신은 피부 세포막에 존재하는 아데니닐 고리화 효소(Adenylyl cyclase)라는 단백질에 높은 결합력을 바탕으로 선택적으로 결합해, 자외선이나 멜라닌 합

성 유도 호르몬에 의해서 시작되는 피부 멜라닌 합성 신호전
달 과정을 초기 단계에서부터 효과적으로 억제하는 것으로
확인됐다.

연구팀은 "크리신이 아데니닐 고리화 효소에 결합함으로
써 피부 세포는 외부로부터 자극이 오더라도 멜라닌 합성을
하지 않기 때문에 피부가 검게 그을리는 현상으로부터 보호
될 수가 있게 되는 것"이라고 설명했다.

뉴로넥스 김동찬 박사 연구팀은 이번 연구성과를 바탕으
로 '크리신'을 주요 성분으로 한 피부 질환 치료 물질과 미백
화장품 원료 물질을 개발한다는 계획이다.

한편, 이번 연구는 중소기업청이 주관하는 기술혁신 개발
사업의 일환으로 국가가 지원한 연구 과제로 수행됐다.

2011. 7. 31 〈국민일보〉 쿠키뉴스 송병기 기자

치과 치료에 적용

프로폴리스는 이빨을 부식시키는 미생물의 성장과 프라
그 형성, 치은염의 전개를 억제합니다. 따라서 치은염과 치
석 처리의 보조제로써 효과적이며, 치수(齒髓)의 살균에 효

과적입니다. 프로폴리스를 치은염과 구강염증의 치료에 직접 사용하면 좋은 효과를 볼 수 있으며 프로폴리스의 세포 재생작용으로 흉터를 줄일 수 있습니다.

쥐 이빨의 갈리진 틈 절반을 충치로 만든 다음, 프로폴리스 추출물을 물과 함께 섭취시켰을 때 이빨의 부식작용이 현저하게 줄었다는 보고도 있습니다.

간

프로폴리스는 간에 존재하는 해독효소, 알코올분해효소의 기능을 증진시켜 만성피로와 숙취를 해소하고 체력을 증강시키며, 간에 존재하는 항산화효소를 활성화시켜 세포에서 생성된 과다한 과산화수소를 물과 산소로 분해하는 기능을 갖고 있습니다. 이에 간 기능을 증진시켜 우리 몸에 있는 독소를 해독시키고 몸 밖으로 배출시키는 데 탁월한 효과를 보입니다.

프로폴리스가 독소에 미치는 영향을 쉽게 설명할 수 있는 방법은 알코올 섭취 후 해독 과정을 보면 알 수 있는데, 프로폴리스를 섭취하면 주량이 늘어나고 해독 시간이 짧아진다고 합니다.

상처 치료 및 조직 재생 작용

프로폴리스에 풍부한 아르기닌(arginine)과 프롤린 (proline)은 세포분열을 자극하고 단백질 합성을 촉진하여 세포재생을 촉진합니다. 따라서 화상 치료뿐 아니라 다양한 효소, 세포 대사, 조직재생, 콜라겐(collagen)과 엘라스틴 형성을 자극하는 것으로 추정됩니다.

'천연 항생제' 프로폴리스 임상효과 입증
이정구 교수 논문 눈길

꿀벌이 만든 프로폴리스는 항염·항산화·면역증강 등이 뛰어난 천연 항생제. 꿀벌이 자신의 생존과 번식을 위해 여러 식물에서 뽑아낸 수지(樹脂)와 같은 물질에 자신의 침과 효소 등을 섞어서 만든 물질로, 벌집의 입구와 틈새에 바른다. 병균이나 바이러스로부터 스스로를 보호하고 말벌이나 쥐와 같은 적의 침입을 막기 위해서다. 특히 여왕벌이 산란을 할 때 일벌들이 방을 청소한 뒤 프로폴리스를 발라 소독한다.

프로폴리스가 의약품과 건강기능식품에 다양하게 활용되

면서 그 가치가 빛을 발하고 있는데, 지난 24일과 25일 양일간 대전 중앙국립과학관에서 열린 세계프로폴리스사이언스 포럼에서 발표된 이정구 교수(단국대 의대 이비인후과)의 논문은 프로폴리스의 실제 임상 효과를 입증한 논문이라는 점에서 학계의 관심을 크게 끌었다.

이 교수는 지난해 12월부터 올 4월까지 아데노이드 및 편도 절제술을 받은 어린이와 성인 130명에게 프로폴리스를 사용 한 후 그 효과를 측정했다.

편도절제술 후 나타나는 출혈과 통증은 이비인후과 의사에겐 가장 조절이 힘든 난제인데, 출혈을 빨리 멎게 한 뒤 염증과 조직이 얼마나 조기에 치료 · 재생되는지가 환자의 만족도를 높이는 관건이다.

이 교수는 수술을 한 뒤에 프로폴리스 젤을 환자의 양쪽 편도바닥에 발랐다. 그리고 수술 후 150cc 에 수용성 프로폴리스 10방울을 섞어 1일 4회 가글하도록 했는데 결과는 대만족이었다.

수용성 프로폴리스군이 대조군에 비해 첫 외래 방문 시 유의성 있게 상처 치유가 빨랐고 통증과 출혈이 적었던 것으로 나타났기 때문이다. 특히 통증지수는 수술 후 3일째, 그리고 첫 내원 시(수술 후 7~10일) 통계적으로 유의하게 감소했다.

이 교수는 논문에서 "상피를 절개한 상처에서 프로폴리스가 조직 안으로 깊이 침투해 세포의 재생을 자극하고, 각화 세포의 분열을 자극해 상처 치유를 돕는 것으로 판단된다"고 밝혔다.

2009. 8. 26 〈대전일보〉- 고경호 기자

혈관 청소 기능

프로폴리스의 플라보노이드는 혈전 용해, 콜레스테롤 합성의 억제·배출 효능이 있어 혈관을 청소하여 혈액의 노폐물을 해독하여 소변으로 배출시키는 작용을 합니다. 따라서 혈전과 관련한 심근경색, 말초혈관 질환, 쇼크, 동맥경화와 같은 질환 예방에 특효가 있습니다.

특히 프로폴리스는 좋은 콜레스테롤인 HDL콜레스테롤의 생성을 촉진하고 나쁜 콜레스테롤인 LDL콜레스테롤의 배출을 용이하게 하며, 프로폴리스에 풍부하게 함유되어 있는 루틴(rutin, vitamin P)은 혈관을 튼튼하게 하는 효과가 있습니다.

프로폴리스의 심장혈관에 관한 보고

쥐에게 프로폴리스 추출물을 섭취시켰을 때 혈압을 낮추고 진정효과를 나타내었으며 포도당(혈당)을 지속적으로 유지시켰다. - Kedzia et al(1988)

프로폴리스에 포함된 디하이드로 플라보노이드(dihydro flavonoid)는 혈관순환에서 모세혈관을 강하게 했다. - Roger(1988)

프로폴리스는 혈액의 고지혈증(비정상적인 지방농도)을 낮춘다. - Choi(1991)

쥐에게 심장병을 유발시켜 프로폴리스가 미치는 영향을 조사했다. 쥐의 심장병 유발에는 강한 산화제인 doxorubicin이라는 화학약품을 사용했으며, 심장 근육 해부로 다양한 생화학적 측정을 실시했다.

그 결과 프로폴리스의 영향은 심장보호 플라보노이드로 알려진 루틴(rutin, Vitamin P)에 비교되었다. 이 연구를 통해

프로폴리스가 강한 산화제로부터 심장을 강력하게 보호한다
는 것이 증명되었다. -Chopra et al(1995)

당뇨

흔히 당뇨의 원인으로 유전적인 체질에 장기간의 과음,
과식 등의 나쁜 식생활 습관과 운동 부족 등으로부터 오는
비만 등을 꼽습니다. 그러나 당뇨의 직접적인 원인은 바이
러스 간염과 마찬가지로 헤르페스 바이러스에 의한 췌장의
기능 저하라고 합니다.

면역력이 약해져 췌장의 혈당 강화 작용을 하는 인슐린
(insulin)의 생산이 저하되면 혈중의 당분이 정체되어 당뇨
병이 되는 것입니다.

프로폴리스의 생체 면역조정력 및 항균, 항산화력의 작
용은 췌장의 활성산소를 제거하여 췌장 기능을 회복시키고
혈당치는 정상으로 돌려줍니다.

프로폴리스의 면역시스템에 대한 작용 보고

쥐를 대상으로 실험한 결과 프로폴리스는 면역응답 작용을 촉진하는 것으로 나타났다. - Manolova et al(1987)

최근 일본에서 프로폴리스 추출물이 사람의 면역 기능에 관계된 대식세포(식세포)활성 현상을 일으킨다는 사실을 발견했다. 프로폴리스는 면역조절 물질인 사이토키닌(cytokines), T세포(Tc), 자연살해세포(NK), 인터루킨(interleukin (IL)) 및 인터페론(interferon)을 생산하여 면역세포를 조절한다고 보고하였다. - Moriyasu et al(1993)

프로폴리스가 쥐의 면역계에서 항체 형성을 촉진하는 것으로 나타났다. 프로폴리스 추출물을 쥐에게 투여했을 때 항체 생산이 대조구보다 3배 많이 생산되었다. 프로폴리스를 섭취하고 섭취 간격을 24시간으로 했을 때 가장 효과적이었다. - Scheller et al(1988)

돼지에게 중추신경계 바이러스 백신을 투여할 때 프로폴

리스를 함께 투여하면 항체 생산이 대조구보다 2~3배 많이 생산되었다. 14일째 항체 형성이 최고가 되었으며 항체는 330일까지 검출되었다. 프로폴리스는 비장과 임파절의 임파선 조직에서 혈액의 혈장 세포의 생산을 증가시킨다. - Karandashov et al(1977)

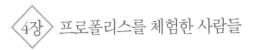

4장 프로폴리스를 체험한 사람들

3개월 만에 기침 증상 없어져

현재 8세인 K군은 태어난 지 10개월 만에 아토피, 알레르기에 의한 기관지 천식으로 호흡곤란에 빠졌습니다. 특히 기침이 심하고 가래가 많이 끓어 고생이었는데, 증상은 K군이 7세가 될 때까지 개선의 기미가 보이지 않았습니다. 기침, 가래뿐 아니라 그때까지 수시로 감기에 시달려야 했고, 그러다 보니 밤에 잠도 못 이뤄 신경도 예민해져 짜증이 심하고 형제와도 원활한 관계가 힘들었습니다.

그러다 K군이 7세가 되던 해 부모는 지인의 소개로 '프로폴리스'를 먹이기 시작했습니다. 처음엔 3방울씩 하루 3회 1개월을 먹었는데 그때부터 조금씩 회복의 기미가 보이기 시작하더니, 1개월이 지나고 나선 차츰 양도 조금씩 늘

리기 시작했고 신기하게도 3개월 만에 기침 증상이 없어졌습니다.

K군이 초등학교에 입학할 무렵이 되면서 부모는 내심 '어떻게 학교생활을 버틸 수 있을까' 고민도 많았지만 1년 정도 프로폴리스를 섭취한 지금은 그런 걱정을 전혀 할 필요가 없습니다. 기침과 가래 증상은 전혀 없고, 수시로 하던 잔병치레도 하지 않게 됐습니다.

6개월 만에 만성축농증 증상 없어져

15년여를 식당에서 일해 온 40대 중반의 여성 B씨는 만성축농증에 발의 냉증이 심하고 간장도 약해 부종 증상이 심했습니다. 그래서 B씨는 매일 3번 10방울씩 프로폴리스를 물에 타 먹고, 면봉에 프로폴리스를 묻혀 콧속에 바르기 시작했습니다. 그러고 나서 나타난 첫 번째 증상은 자는 동안 콧물이 목에 걸려 기분 나빴던 게 없어진 것입니다.

1개월 후 이번에는 침도 삼키기 괴로울 정도로 고름이 나오기 시작하더니 3일 만에 고름이 없어졌습니다. 코의 양옆을 살짝만 눌러도 아팠는데 통증도 없어졌고 멍한 증상도 없어졌습니다. 지금은 발의 냉증도 말끔히 나아 밤에 이불 밖으로 발을 내놓고 자도 될 정도입니다.

6개월이 된 현재 아직 부종은 조금 남아 있지만 손발 저림은 없어졌고 입술색이나 얼굴색이 훨씬 좋아져 스스로도 놀랄 정도라고 합니다. 아침에 일어났을 때도 몸이 가뿐하고 개운한 느낌이 들어 생활도 훨씬 활기 차졌다고 합니다.

수술로 도려내야 했던 잇몸 염증을 프로폴리스로 개선

30대 중반의 남성 A씨는 가끔 어금니가 쿡쿡 쑤시며 아프긴 했지만 좀처럼 치과에 갈 시간을 내지 못하고 몇 년을 방치해두었습니다. 처음엔 어쩌다 한번 통증이 있고 진통제를 먹으면 금세 가라앉곤 하던 것이 시간이 지나면서 빈도도 잦아지고, 통증도 더 심해지기 시작했습니다.

나중에는 눈으로도 확연히 구별할 수 있을 정도로 통증 부위가 부어오르고 도저히 참을 수 없는 지경이 돼서야 치과를 찾았습니다.

그런데 증상이 너무 심하고 사랑니 쪽 입안 깊숙한 부위에 생긴 염증이기 때문에 뼈를 깎아 환부를 절제하는 방법밖에 없다는 겁니다. 게다가 수술을 하고 나선 2~3주간 병원에 입원을 해야 한다고 했습니다. 잇몸 염증으로 수술을 해야 하는 것도 엄두가 나지 않았지만 병가를 내 입원을 해야 하는 것도 골치 아픈 일이 아닐 수 없었습니다.

회사에 돌아와 어떻게 해야 하나 고민을 하고 있는데 동료가 갖고 있는 프로폴리스를 주며 한번 발라보라기에 알려준 대로 환부에 발라봤습니다. 통증이 너무 심하기도 했던지라 당장 휴게실로 가 몇 번씩 반복해 바르고 문질렀는데 〈바르는〉 동안 따끔따끔하고 입안이 얼얼해도 꾹 참는수밖에 별 도리가 없었습니다. 그런데 프로폴리스를 바르고 3시간쯤 지났을까, 거짓말처럼 통증이 없어졌고 붓기도조금씩 빠지는 느낌이 들었습니다.

그래서 그날부터 아침, 저녁으로 환부에 프로폴리스를바르기 시작했습니다. 입안에 바르는 것이니 결국 프로폴리스를 먹은 것이기도 했고, 1주 정도 반복하니 통증이 없어졌고 부은 얼굴도 원상태로 회복됐습니다.

혈압, 감기, 피로 회복에도 탁월

50대 남성 Y씨는 고혈압과 부정맥, 치질 등의 지병에 고생이 이만저만이 아니었습니다. 그러다 6년 전 프로폴리스를 접하게 됐고 지금은 프로폴리스 마니아라고 할 정도로 프로폴리스 애용자가 됐습니다. 처음 먹기 시작했을 즈음에는 하루에 몇 방울씩 주스나 물에 섞어 마셨지만 4년 전쯤부터는 500㎎ 캡슐로 매일 1회 먹고 있습니다.

지금은 최고 혈압이 140 전후로 안정권에 들었습니다. 또 감기에도 자주 걸리고 한번 감기 증상이 보이면 지독하게 아팠다가 완전히 낫기까지 약 1개월은 걸리는 체질이었습니다. 이제는 거의 감기에 걸리는 일도 없고 수시로 나타났던 구내염 증상도 전혀 생기지 않고 있습니다. 특히, 프로폴리스를 먹고부터는 식욕이 좋아졌고 피로도 쉽게 느끼지 못합니다.

지금 Y씨 가족은 Y씨로 인해 모두 프로폴리스 팬이 되어 있습니다. 얼마 전부터는 벌꿀과 프로폴리스를 반반 비율로 섞어 만들어 놓고 목 상태가 안 좋다든지 아플 때 바로 먹곤 한다고 합니다. 상처 소독이 되어서인지 금세 목의 통증이 없어지기 때문입니다.

프로폴리스 6개월 섭취로 암 진행이 멈춰

60대 남성 P씨는 지병인 만성간염이 악화되고, 전신피로, 식욕 감퇴 등의 증상이 심해 병원에 입원하여 검사를 받았습니다. 정밀검사 결과 간암, 그것도 말기암으로 판명되었습니다. 암 선고를 받고서도 술, 담배 등도 조절하지 않았습니다. 사실 곧 죽을 테니 될 대로 되라는 마음이었습니다. 식구들에게도 괜한 짜증을 부리고 난폭하게 굴었습니다. 하지만 그렇게 삶을 포기할 수만은 없었던 P씨는 다시 병원에 가 진료를 받습니다.

결과는 오히려 예전보다 더 심각했습니다. 그동안 암이 더 확장되어 수술조차 무리였습니다. 이후 P씨는 항암제 대신 프로폴리스를 치료를 선택합니다. 그리고 먹기 시작한 지 반 년 후 다시 검사를 받았을 땐 더 이상 암이 진행되지 않은 상태였습니다. 한동안 떨어졌던 식욕도 다시 회복되고 피로감도 완화되었습니다. 항암제를 사용하지 않았기 때문에 부작용은 걱정할 필요가 없었습니다. 완치됐다고 할 수는 없지만 적어도 프로폴리스 덕분에 생존기간이 연장된 것만은 확실합니다.

발톱무좀 약에 과민반응, 결국 프로폴리스로 개선

발톱무좀으로 고생이 이만저만이 아니었던 30대 중반의 여성 J씨. 통증은 없었지만 발톱의 색깔이 누렇게 변하고 부스러져 변형이 심했습니다.

색이 변하고 부스러지는 정도가 엄지발톱 전체로 퍼져 괴사 직전까지 진행됐습니다. 보기에 너무 흉하여 여름철에도 맨발로 샌들을 신는다거나, 양말을 신지 않고 방으로 된 식당 등에 다니는 일이 여간 신경 쓰이고 불편한 일이 아닐 수 없었습니다.

병원에선 3개월은 항진균제 알약을 복용하며 연고를 발라야 치료가 가능하다고 했지만, 1주일 정도 복용을 하니 목이 아프고 속이 쓰려 병원 치료는 중단했습니다. 그러고 나서 환부에 프로폴리스를 바르기 시작했습니다. 치료

할 수 있으리라는 기대보다는 물에 빠져 지푸라기라도 잡는 심정이었습니다. 그런데 웬걸 차츰 변화가 눈에 띄기 시작하더니 1개월 동안 부지런히 바른 결과 이제는 정상적인 발톱 모양으로 회복되었습니다.

이비인후과, 한의원에서 못 고친 비염 완하

19세 K양은 프로폴리스로 비염 증상을 개선한 경우입니다. K양은 어디에서 자느냐에 따라 다음 날 아침에 증상이 달라지기도 하고, 선풍기 바람만 쐐도 재채기가 나 여름철에도 에어컨은커녕 선풍기도 잘 틀지 못했습니다.

이비인후과는 물론 한의원에도 다녀봤지만 그때뿐이었고, 오히려 증상은 심해져 나중에는 늘 코 속이 꽉 차 있는 듯한 느낌이 들고, 코가 막혀 숨을 쉬기도 불편해졌습니다. 이비인후과에선 아직 축농증으로 진행하진 않았다고 했지만 이후 증상이 악화돼 축농증으로까지 발전한 것도 같았습니다.

코가 막혀서인지 수업시간에 집중도 잘 안 되고 쉴 새 없이 흐르는 콧물 때문에 외출 시에는 반드시 휴지를 챙겨야 했습니다.

그러다 면봉에 프로폴리스를 묻혀 아침저녁으로 코 안에 바르기를 며칠, 막혔던 코가 뚫리고 1주일이 지나자 콧물이 흐르는 증상도 많이 완화됐습니다. 그 이후에도 지속적으로 바르고 프로폴리스 정제도 구입해 섭취한 결과 지금은 비염 증상이 없어졌습니다.

암 투병 후 식욕부진, 피로감 퇴치에 프로폴리스 섭취가 중요

40대 초반의 여성 P씨는 위암 수술 이후 예후가 상당히 나빴습니다. 암 수술을 받기 전 심한 다이어트를 감행했던 P씨의 암의 발병 원인 중에는 과도한 운동에서 오는 만성 피로 면역력 저하, 영양 불균형이 있었습니다. 수술 후 귀울림이 심하고 잠도 잘 자지 못했으며, 피로감, 식욕부진 등에 시달렸으며 스트레스 강도 또한 컸습니다.

이런 증세는 좀처럼 개선의 여지가 보이지 않았는데 프

로폴리스를 섭취하고 조금씩 식생활을 조절해나가면서 증상을 조금씩 완화시킬 수 있었습니다.

프로폴리스 섭취를 시작한 지 1년여가 흐른 지금은 대부분의 증상의 거의 보이지 않으며, 그에 따라 건강도 상당히 회복된 상태입니다. 건강 회복을 위해 균형 잡힌 식생활에 신경 쓴 것도 사실이지만 P씨의 경우 프로폴리스를 함께 섭취하며 식욕을 증진시키고 조금씩 면역력을 증강시킨 것이 주효했던 경우입니다.

진통제로도 해결하지 못한 생리통, 불면증 개선 효과까지

20대 후반의 여성 J씨는 생리통이 심해 진통제를 먹지 않으면 견딜 수 없을 정도였습니다. 심할 때는 직장에서 일을 하다 말고 응급차에 실려간 적이 있을 정도였습니다. 대학병원도 다녀보고, 한의원에서 침과 뜸 처방을 받기도 했지만 개선되지 않았습니다.

병원에서는 호르몬 불균형이 원인이라며 또 진통제를 처

방할 뿐이었습니다. 그러다 인터넷으로 프로폴리스를 접하게 됐고, 하루 세 번 10방울씩 주스나 물에 타 먹기 시작했습니다.

처음 프로폴리스를 섭취하고 일주일이 지났을 때는 머리가 아프고, 왠지 모를 불쾌감이 느껴졌습니다. 인터넷에 호전반응에 관한 언급이 있었지만 정말 호전반응인지 부작용인지 확인할 수 없었습니다.

그러다 프로폴리스를 먹기 시작하고 두 번째 생리부터 생리통이 전혀 없어졌습니다. 게다가 프로폴리스를 섭취하면서부터 밤에 잠도 더 잘 자게 되었고 피부도 눈에 띄게 좋아졌습니다.

당뇨병과 노화현상에도 탁월한 기능

당뇨병과 노화현상으로 고생하던 70대 초반의 O씨. 혼자선 잘 걷지도 못하고 소변을 지리는 등의 증상이 3년여 동안 계속됐습니다. 그러다 프로폴리스를 섭취하고 3개월이 되면서부터 소변을 지리는 증상이 없어지고 다리에 힘이 생겨 혼자 걸으며 쓰러지는 일도 없어지게 되었습니다.

처음 프로폴리스를 섭취했을 땐 호전반응으로 저혈당 증상을 보이기도 했지만 곧 혈당 수치가 돌아왔으며 지금은 O씨 뿐 아니라 그의 가족들 또한 매일매일 프로폴리스의 효능을 확인하며 놀라워하고 있습니다.

5장 프로폴리스, 무엇이든 물어보세요

A : 프로폴리스 자체에 대한 부작용은 없다고 볼 수 있으나 체질에 따라 과민반응이 있을 수 있습니다. 예를 들어 벌 알레르기가 있는 경우, 알코올 알레르기가 있는 경우(알코올 해독 작용이 원활하지 않다면 수용성 프로폴리스를 선택), 꿀 알레르기가 있는 등의 경우 각별히 주의할 필요가 있습니다.

또 출혈이 있다면 즉시 중단하고, 영·유아 및 임산부는 전문가와 상담 후 섭취하도록 합니다. 간혹 체질에 맞지 않아 일어나는 과민반응과 명현현상을 혼동하기도 하는데, 일정기간이 지난 후에도 증상이 개선되지 않고 더 심해지기만 한다면 과민반응이라 할 수 있습니다.

A : 액상으로 된 경우 혼탁도가 심할수록 질이 낮다고 할
수 있습니다. 냉수나 온수에 혼합했을 경우 투명감이 떨어
진다든지, 불순물이 가라앉는 정도가 심할수록, 성분이 물
에 잘 녹지 않는 경우 질이 좋지 않다고 할 수 있습니다. 또
한 프로폴리스의 후라보노이드가 노란색이고 벌집이 갈색
이기 때문에 약간 노란색을 띤 갈색계열이 프로폴리스의
색이라 보면 됩니다.

피부에 발랐을 때는 끈적임이 없이 완전히 흡수되고 입
안에 원액을 떨어뜨렸을 때 잘 녹는 제품이 질 좋은 프로폴
리스라 할 수 있습니다. 만약 입안에서 원액이 잘 녹지 않
는다면 왁스가 제대로 제거되지 않은 것으로 위장장애를
일으킬 수도 있습니다.

또한 식품의약품안전청으로부터 인증을 받은 제품으로
① 원산지, ② 용기의 상태, ③ 제조, 판매업자, ④ 플라보
노이드 함량, ⑤ 기타 유효한 성분 등을 확인할 필요가 있
습니다. 프로폴리스 원액에 따라 품질이 다를 수밖에 없기
때문에 원산지를 확인하고, 용기는 자외선을 차단하는 유

리용기에 담긴 제품이 좋습니다. 플라스틱 용기의 경우 프로폴리스에 포함된 플라보노이드 성분과 화학반응을 일으켜 유효성분을 감소시킨다는 연구 결과가 있습니다. 또한 제조, 판매업자를 분명히 밝히고 연락처를 정확히 기재한 제품이 믿을 수 있는 것은 당연합니다.

또한 천연 프로폴리스에는 밀납 및 기타 물질이 들어 있기 때문에 천연 프로폴리스 함량을 확인하기보다는 플라보노이드 함량을 확인해야 합니다.

다음은 기능성식품으로서의 프로폴리스의 제조기준과 규격입니다.

	추출용매는 물 또는 주정을 사용한다.
제조기준	기능성분 또는 지표성분의 함량은 ① 프로폴리스 추출물의 경우 최종제품의 총 플라보노이드 함량이 5.0% 이상이어야 하며, ② 프로폴리스추출물제품의 경우 최종제품의 총 플라보노이드의 함량이 1.0% 이상이어야 한다.
	고유의 색택과 향미를 가지며 이미 · 이취가 없다.
	총 플라보노이드(%)가 표시량 이상이어야 한다.
규격	확인시험(ρ-쿠마르산, 계피산, 플라보노이드)이 확인되어야 한다.
	수분이 10.0% 이하(프로폴리스 추출물에 한하며, 액상제품은 제외)
	납의 함량은 5.0㎎/㎏ 이하이어야 한다.
	디에틸렌글리콜이 검출돼서는 안 된다.
	대장균군의 반응이 음성이어야 한다.

※ **프로폴리스 추출물** : 꿀벌이 식물에서 채취한 수지에 자신의 분비물을 혼합하여 만든 프로폴리스에서 왁스를 제거하고 얻은 추출한 것.

　프로폴리스추출물제품 : 프로폴리스 추출물을 주원료로 하여 제조·가공한 것.

프로폴리스 구입 시 체크해야 할 10가지

1. 제품 앞면의 '건강기능식품'이라는 표시를 확인하라 ☐

2. 영양·기능 정보 확인 ☐

3. 내가 원했던 기능성의 내용 확인 ☐

4. 섭취 시 주의사항 표시 확인 ☐

5. 제품의 원재료명 및 함량이 광고문구와 동일한지 확인 ☐

6. 제품 보관방법의 표시 확인 ☐

7. 제조원과 판매원 확인 ☐

8. 유통기한 표시 확인 ☐

9. 포장의 파손 및 제품 상태 확인 ☐

10. 반품과 교환장소 명기 확인 ☐

A : 이용자의 체질이나 몸 상태, 병상의 경중에 따라 달리 적용되어야 합니다. 보통 처음 시작하는 사람은 액체 프로폴리스는 1~2방울씩 하루 2~3회, 캡슐은 하루 10알 미만이 좋습니다. 그러다 3일 혹은 1주간 이후 증상이 개선된다 싶으면 그 양을 유지하거나 조금씩 늘려나가면 됩니다. 어린이의 경우는 성인의 절반 정도가 적당합니다.

일반적으로 건강 유지를 위해서는 하루 2~3회 매 2~4방울 정도가 적당하고, 특별한 이상은 없지만 나른하고 쉬 피로해지는 등 몸 상태가 그다지 좋지 않은 경우는 2~3회로 나눠서 하루 20방울 정도를 섭취하도록 권합니다. 또한 몸 상태가 좋아지고 나서도 계속 섭취하면 체질을 개선하고 병에 대한 저항력을 키울 수 있습니다.

때문에 체질, 섭취 목적, 증상에 따라 양을 늘리거나 줄여가면서 지속적으로 섭취하는 것이 좋습니다. 당연히 프로폴리스는 화학약품이 아닌 천연물질이므로 많이 먹어도 특별한 해는 없습니다. 때문에 제조회사마다 권장량에 차이가 있기도 합니다.

A : 미지근한 물 반 컵(종이컵 기준)에 타먹는 것이 일반적입니다. 하지만 비위가 약한 경우라면 주스, 드링크제 등에 섞어 마셔도 좋습니다. 벌꿀, 레몬, 로얄제리, 비타민C 등과 함께 먹는 것은 상관없으나 녹차는 피하는 것이 좋습니다. 녹차에 함유된 탄닌 성분이 모세혈관을 수축시키는데 프로폴리스는 모세혈관을 확장시키는 작용을 하기 때문입니다.

즉 녹차와 함께 먹으면 프로폴리스의 효과를 반감시킬 수밖에 없습니다. 또한 프로폴리스를 물이나 기타 주스 등에 녹이면 얇은 막이 생기기도 하는데 이는 프로폴리스에 포함된 밀랍 성분 때문에 일어나는 현상으로 인체에 해는 없습니다.

A : 가능합니다. 대신 정제수(증류수)로만 추출한 수용성 제품이나 추출 용매가 포함되지 않은 순수 프로폴리스 추출물로 만들어진 제품을 추천합니다.

또한 수용성 제품이라고 해서 단순히 무(無)알코올 제품을 이르는 것은 아니니 혼동하면 안 됩니다. 수용성 제품은 반드시 추출용매로 정제수만을 사용한 것으로 알코올이 없는 것은 NO알코올 제품이며 화학유화제를 섞어 만드는 것입니다.

Q : 항암제와 함께 섭취하는 등 다른 용법과 병용해도 괜찮을까요?

A : 상관없습니다. 주치의와의 상담이 필요하겠으나 오히려 병용해서 더욱 효과가 있었다는 사례가 종종 있습니다. 다만 2~3주간 지켜보고 호전반응이 일어나지 않는다면 프로폴리스를 잠시 중지하는 것이 좋습니다. 또한 항암제

와 프로폴리스를 병용하면 부작용에 대한 불안을 한결 덜수 있다고 합니다.

암의 종류에 따라 가장 효과가 있는 항암제 1~3종류의 약을 병용해 항암효과를 높이기도 하는데, 이때 정상세포가 변이해 생긴 암세포는 정상세포와 유사할 수밖에 없습니다. 따라서 암세포와 정상세포가 잘 구분이 가지 않기 때문에 항암제 사용 시 정상세포에 피해를 줄 수 있습니다.

바로 그 부작용이 항암치료 시 나타나는 식욕부진, 구토, 오심, 설사, 백혈구 감소 등입니다. 그러나 프로폴리스는 부작용에 대한 불안이 없다고 합니다. 오히려 항암제와 병용함으로써 항암제의 부작용을 방지해줍니다.

이런 작용에 대한 의학적인 근거는 아직 밝혀지지 않았지만 프로폴리스에 함유되어 있는 모종의 약효 성분이 항암제가 정상세포를 해치는 작용을 저지하는 것으로 학계에서는 추측하고 있습니다.

Q : 프로폴리스를 선택할 때 플라보노이드 함량을 확인해야 한다는데 함량이 높은 제품을 선택하면 될까요?

A : 국내 식약청 공전에서는 프로폴리스의 플라보노이드 함유량이 1% 이상이면 제조, 판매가 가능하도록 법으로 규정하고 있습니다. 그 이유는 플라보노이드 1% 함유량이 몸에도 좋고 체내 흡수율도 가장 좋기 때문입니다. 간혹 외국산 프로폴리스의 경우 플라보노이드 함량이 1%가 넘는 경우도 있는데, 이 경우 플라보노이드 함량이 높다는 이유만으로 선택할 필요는 없습니다. 오히려 플라보노이드 함량이 높아 가격만 비싼 것일 수도 있습니다.

면역력 향상을 위한 자가 체크 리스트

1. 쉽게 지치고 피로해진다. ⬜

2. 밤에 깊은 잠을 자지 못한다. ⬜

3. 손발이 뜨겁거나 땀이 많이 난다. ⬜

4. 추위를 자주 타고 감기에 쉽게 걸린다. ⬜

5. 한 번 감기에 걸리면 잘 낫지 않는다. ⬜

6. 두통이나 근육통을 자주 호소한다. ⬜

7. 가슴이 답답하고 한숨을 자주 쉰다. ⬜

8. 만성비염이나 아토피 피부염을 앓고 있다. ⬜

9. 비만, 혹은 과체중이다. ⬜

10. 식사가 불규칙하다. ⬜

11. 담배를 핀다. ⬜

12. 주 4회 이상 술을 마신다. ⬜

13. 주로 앉아서 일을 한다. ······························ ☐

14. 다이어트를 반복한다. ······························· ☐

15. 육류 위주의 식사를 한다. ·························· ☐

16. 상처가 잘 낫지 않는다. ···························· ☐

17. 변비 또는 설사가 자주 일어난다. ················· ☐

18. 아침에 일어났을 때 얼굴이 푸석하다. ············ ☐

19. 아침에 일어나기가 힘들다. ······················· ☐

20. 약을 자주 먹는다. ································· ☐

* 20개 항목 중 4개 이하에 해당하면 양호한 상태라 할 수 있다. 해당 항목이 5~9개이면 보통, 10개 이상이라면 당신의 몸에서 위험신호를 보내고 있는 것이니 각별한 주의가 필요하다.

맺음말

....

　최근 신종인플루엔자 유행으로 면역강화에 도움을 준다는 제품들이 잇따라 소개되고 있는 것에 대해, 식약청은 현재까지 특정 식품이 신종플루의 예방이나 치료에 효능, 효과가 있다고 밝혀진 바가 없다고 강조하며 주의를 당부했습니다.

　이런 가운데 신종플루에 대한 직접적인 예방 효과 여부를 떠나, 기본적으로 자가치유력, 면역력을 높여야 한다는 점에 사람들의 관심이 집중되고 있습니다.

　'천연항생제', '기적의 신약'이라 불리는 프로폴리스도 그중 하나입니다. 프로폴리스는 여러 해에 걸쳐 공통적인 생리활성 기능과 안전성, 표준화에 대한 문제가 검증 및 논의 되고 있고, 현재 건강증진, 염증, 심장병, 당뇨병, 암 등 각종 질병 예방을 위해 의약품, 건강기능식품, 화장품 생활용품 등으로 그 사용 범위가 점점 넓어지고 있습니다.

이 책에선 이렇게 광범위하게 사용되고 있는 프로폴리스의 효능과 활용법에 대해 살펴보았습니다. 이로써 많은 분의 점점 더 다양해지는 프로폴리스 이용에 도움이 되었으면 좋겠습니다.

갈수록 심해지는 환경 파괴와 공기, 물의 오염이 인체의 균형마저 깨트리고 있는 21세기, 현대인에겐 항생제와 각종 합성약품 뿐 아니라 천연 물질로 몸의 균형을 찾아주고 건강을 증진시키는 '프로폴리스'가 있음을 기억하시길 바랍니다.

MEMO

MEMO

내 몸을 살린다 건강 시리즈

건강이 보이는 건강 지혜를 한권의 책 속에서 찾아보자!

도서구입 및 문의 : 대표전화 0505-627-9784